U0177746

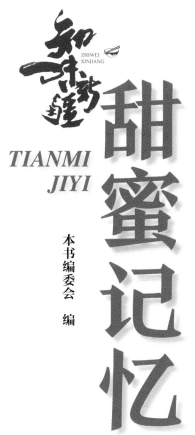

知味新疆 ZHIWEI XINJIANG

TIANMI JIYI

甜蜜记忆

本书编委会 编

新疆科学技术出版社

图书在版编目（ＣＩＰ）数据

甜蜜记忆 / 本书编委会编 . —— 乌鲁木齐：新疆科学
技术出版社 , 2022.5（知味新疆）
ISBN 978-7-5466-5224-5

Ⅰ . ① 甜… Ⅱ . ① 本… Ⅲ . ① 饮食—文化—新疆—普及
读物 Ⅳ . ① TS971.202.45-49

中国版本图书馆 CIP 数据核字 (2022) 第 130279 号

选题策划	唐　辉　张　莉
项目统筹	李　雯　白国玲
责任编辑	顾雅莉
责任校对	牛　兵
技术编辑	王　玺
设　　计	赵雷勇　陈　上　邓伟民　杨筱童
制作加工	欧　东　谢佳文

出版发行	新疆科学技术出版社
地　　址	乌鲁木齐市延安路 255 号
邮　　编	830049
电　　话	(0991) 2870049　2888243　2866319（Fax）
经　　销	新疆新华书店发行有限责任公司
制　　版	乌鲁木齐形加意图文设计有限公司
印　　刷	北京雅昌艺术印刷有限公司
开　　本	787 毫米 ×1092 毫米　1 / 16
印　　张	6.25
字　　数	100 千字
版　　次	2022 年 8 月第 1 版
印　　次	2022 年 8 月第 1 次印刷
定　　价	39.80 元

丛书编辑出版委员会

顾　　问　石永强　韩子勇

主　　任　李翠玲

副主任（执行）　唐　辉　孙　刚

编　　委　张　莉　郑金标　梅志俊　芦彬彬　董　刚

　　　　　刘雪明　李敬阳　李卫疆　郭宗进　周泰瑢

　　　　　孙小勇

作品指导　鞠　利

出品单位

新疆人民出版社（新疆少数民族出版基地）

新疆科学技术出版社

新疆雅辞文化发展有限公司

目　录

在酸甜苦辣咸五种滋味中，甜是最为暖心的味道。

那种源自舌尖上的甜蜜感觉，直抵内心深处，人们也愿意用"甜蜜"一词来形容最美好的事物。

在新疆，甜品不仅花式多样，而且风味独特。巴哈力、玛洛什、玛仁糖……每一个风情万种的名字，都是一段甜蜜记忆。

一点心意

巴哈力

简约的几何造型，原始的咖色情调，甘与醇的甜蜜沁人心脾，刚与柔的娇艳绝代风华，韶光正好，让醇美的甜蜜开启幸福滋味。

制作材料

巴哈力，源于一种俄罗斯族人经常食用的黑面包，现在已经成为很多新疆人家中日常必备的甜点，它和馓子一样，逢年过节时的出镜率极高。

巴哈力常见的做法，是将羊油或者植物油、小苏打、鸡蛋、蜂蜜、砂糖、核桃仁末、葡萄干、面粉等混合搅拌成糊状，然后烤制。

郭香兰的面包店已经开了二十年，在塔城小有名气。她每天凌晨三点半准时到店里，开始一天的忙碌。早餐时人们最爱吃的几样糕点，她要亲手做才放心。

巴哈力是店里卖得最好的糕点之一。

郭香兰做巴哈力，习惯用牛奶和面。牛奶与酥油混合，会生发出特别的馥郁香味。相比于砂糖，塔城本地的野山花蜂蜜的甜味更为温润柔和。再将鸡蛋、葡萄干、碾碎的核桃仁一并加入，调和均匀，放在烤盘中塑形，表面撒上花生碎，准备好一切，将其放入烤箱。

经过一段时间的烘制，巴哈力就出炉了。干果、奶脂混合的浓香，在空气里，肆意流动。

巴哈力松软清甜，是郭香兰儿时印象里母亲的味道。

对母亲的思念，让她的事业有了方向。

每个人，都有过被一种食物温暖的经历。

那些动人感受，下了舌尖，沉入心间，成为最甜蜜的记忆。

糕点，往往能给人带来无可抵挡的诱惑。无论是诱人的外观、甜美的气味，还是细腻的口感，都加深了人们的感官之乐，也赋予人们精神上的愉悦。糕点的发展过程，经历了从单一食材到多元素的融合，从民间走向宫廷，又从宫廷走向民间。经由不同文化的碰撞与各地不同喜好的浸染，造就了现在丰富多样的糕点文化。南方称糕点为糕点，北方则更喜欢称糕点为"点心"。

各色
糕点

点心的来历，说法有趣，相传东晋时期的一位将军见到
战士们日夜血战沙场，屡获战功，甚是感动，随即传令
厨师们烘制当时广受民间百姓喜爱的美味糕饼分发给将
士们，以表"点点心意"。"点心"，由此而来。

巴哈力就是每逢过年过节时，新疆家家户户，一道必不可少的迎客点心。

新疆的少数民族除了能歌善舞以外，大部分也很会制作糕点，每一个民族都有自己拿得出手的蛋糕或点心。

新疆俄罗斯族在饮食上不仅保留了西餐的方式习惯，也结合了中餐的饮食特点，形成了中西合璧的俄罗斯族饮食文化。

点心于俄罗斯族人而言，就好比火锅在川渝人心中的地位一样，不分季节，不分年龄，不分性别，发自肺腑地钟情。一首俄罗斯族民歌中唱道："明天是星期天，家中会把点心添。"俄罗斯族的点心除了用来招待客人外，也是生活中不可缺少的食品。有方有圆、有大有小，各种花色、各种口味的饼干、面包、蛋糕往往让他们欲罢不能，流连忘返。

如今，新疆俄罗斯族主要分布在北疆的伊犁地区、塔城
地区和阿勒泰地区，塔城地区是俄罗斯族人聚居最多的
地区。一条充满着异域风情的街巷，一桌散发着民族风
味的美食，一座拥有着历史文化的老城……构成了塔城
地区独特的人文情怀。

塔城，是座不大的城市，却被很多人所熟知，因为塔城
的西北部与哈萨克斯坦接壤，是我国距离边境最近的开
放城市之一。大多数人都以为"塔城"之名源自市区内
有名的两座塔，其实不然。"塔"是指塔尔巴哈台山，
它是阿尔泰山系的支脉，也是塔城的一座屏障，而"城"
字乃城市之意，"塔城"由此得名。

由于各民族长期生活在一起，人们逐渐做到了语言相习、饮食相通、歌舞相融。作为一座古老的城市，塔城有着丰富的历史积淀和文化背景，被誉为"新疆民俗风情的博物馆"。

这里的山不险峻而草木茂盛，水不汹涌而四季长流。不但有古树参天、小桥流水、亭台楼阁等传统元素，俄罗斯的文化特点与建筑艺术也融入了这里。异域风情的俄罗斯服饰、香飘四溢的俄罗斯美食、造型精致的俄罗斯建筑，都让塔城这座中国西部的边城充溢着浓郁的俄罗斯风情，闪烁着耀眼的繁华。

塔城，就像是一首诗，在岁月中散发出迷人的风韵，被誉为"油画中的城市"。漫步于塔城的街巷中，从春寒料峭的白杨林中传出悠扬的手风琴声，空气中常常会飘来烤制各色点心的阵阵甜香……

走在塔城的大街小巷，随处可见各式各样的面包甜点店，在这个多民族聚居的城市，不同店里的面包甜点有着不同的口味。

甜点烘焙是塔城俄罗斯族饮食中的一大特色。相比如今现代化机器制作出的点心，这里的点心在制作方式上显得十分传统。传统手工制作的糕点，依然保持了新疆人喜好的口味，传递着一代代人对温馨生活的爱意。

小小的作坊里，有着传统的揉面木盆和老式烤炉。坚持纯手工制作的糕点人，每天耗时数小时，烤制出数量不多但味道绝佳的各色点心，将点点心意都揉进了面团之中。因为对于新疆人而言，制作点心也是一种生活艺术，其所追求的色、香、味、形以及营养必须兼具，同时，也有着像郭香兰这样的糕点师对点心制作的一份执着。

干果是等果实成熟之后采摘下来，放在晾房里自然风干的。

在众多点心中，可以说巴哈力是最为精致的一种。如同提拉米苏、舒芙蕾、慕斯一样，巴哈力也是音译，有人将它写成"巴哈利""巴哈里""帕哈力""帕哈里""帕哈利"等。无论如何取名，特殊的芳香，让空气中都弥散着甜甜的味道。因为在制作巴哈力时，不仅会添加新疆本土的纯天然蜂蜜，还会在原料中添加约三成的巴旦木、核桃、花生、杏仁、葡萄干、红枣等干果。新疆的干果很甜，才赋予了巴哈力如此甜蜜的味道。

新疆的气候最大的特点就是早晚温差大、日照时间长，这种特点决定了新疆的水果糖分含量高，特别的甜。干果是等果实成熟之后采摘下来，放在晾房里自然风干的。晾房四壁皆孔，既遮蔽了阳光，又能形成自然的空气对流，使得干果的色泽好、糖分足、水分低，营养也不易流失，这就是新疆干果存放很久都不会变质的重要原因。

用时间与温度成就的美味，泛着咖啡色的诱人色泽，乍看上去有点像北方的枣糕，却比枣糕更加密实。食用时，将巴哈力切成小块，放入精美的餐盘之中，咬上一口，松软弹牙，浓郁香甜。营养又美味的巴哈力，让人不得不感叹，这才是新疆味道！

塔城的俄罗斯族人性格豪爽，热爱生活，享受美食是他们生活中不可或缺的一部分。传统的品茶点的习俗就这样保留了下来。在喝茶时，巴哈力等点心是绝对的主角。同时，茶桌上还有干果（杏仁、巴旦木、核桃、红枣、圣女果干、葡萄干、杏干等），果酱（草莓酱、杏酱、苹果酱、桃酱、马林酱、酸梅酱、红莓酱、蓝莓酱等），各色美味均用精美的瓷盘或水晶盘盛装，大大小小的，摆满整张餐桌。在谈笑间，于美味中，人们用歌舞和美食表达对生活的热情。

巴哈力，带着人们的迎客心意，让新疆的美食元素得以展现，也完美地融合了浓郁的异域风情。小小的点心，是将日常的食材用心地组合在一起，奉献给幸福的人享用，带来的是渗透心底的温暖。于郭香兰而言，也许最开心的时刻，就是看到人们吃着自己做的巴哈力时，那一脸的满足和幸福。

冰雪甜心

玛洛什

当浓郁与香醇如清风般拂过鼻尖，当奶油与乳脂似天使般轻点双唇，晶莹剔透的玻璃盏中浸润的是那直达内心的甜蜜。时光，雀跃着它的脚步，走遍春夏秋冬。原来快乐不需要固有的方式，有惦记的那一口，才最幸福喜乐。

如果说，有一种甜品能够挑战巴哈力在塔城人民心中的
地位，一定非玛洛什莫属。

塔城人对于玛洛什的偏爱深入骨髓，无论夏天还是冬天，
吃玛洛什都是再寻常不过的事情。

玛洛什，是塔城的一种俄式冰激凌，但不是所有的冰激
凌都可以叫玛洛什。

玛洛什由纯奶和鸡蛋做成，有着黄润的色泽、浓郁的蛋
香和奶香。塔城地区的优质牛奶，造就了玛洛什与众不
同的品质和滋味。

杨中青在塔城市开了一家冷饮店，店里的玛洛什都是杨中青亲手做的。

把牛奶烧开，放入糖，熬制均匀后出锅，加入鸡蛋液，然后放进井水里冷却，这是玛洛什的传统做法。

这种看着简单的工序，实际操作起来并不容易。烧纯牛奶，很容易糊锅影响口感，所以不仅要小火慢熬，还得不停地搅拌。

杨中青每天要做一百多公斤"玛洛什"，早上至少要忙活三四个小时。

如果说，有一种甜品能够挑战巴哈力在塔城人民心中的地位，一定非玛洛什莫属。

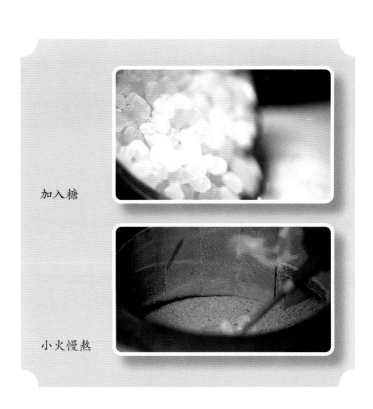

加入糖

小火慢熬

过往的美好记忆，是可以绵延久远的力量。

杨中青制作玛洛什的手艺，传自母亲。

他一直坚持亲自动手，以此来表达对母亲的怀念。

情感寄托，让杨中青的生意有了温暖的内核。

过往的美好记忆，是可以绵延久远的力量。

"玛洛什"是俄语的音译，翻译成汉语就是"冰激凌"
的意思，说是冰激凌，但却与国内任何一个地方的冰激
凌都不相同。这是因为，制作这种冰激凌的工艺，是早
在一个世纪以前的俄罗斯人通过边贸往来带到新疆这片
大美宝地上来的。

提起俄罗斯，世界上最冷的定居点之一就位于它的东北部。
于是美食也无法和"寒冷"分割开来，俄罗斯冰激凌成
了这个国家餐桌上的一绝。

冰激凌在俄罗斯人心中的地位，就好比茶在中国人心中的
地位一样，中国人爱茶世界尽知，而俄罗斯人爱冰则世界
皆晓。2016 年，在中国杭州 G20 峰会举行期间，俄罗斯
人带来了一份冰镇的礼物——俄罗斯冰激凌。

之所以将冰激凌作为"国礼"，是俄罗斯人认为那是可以
和中华美食相媲美的珍贵食物。相对于种类繁多的意大利
冰激凌、韧性十足的土耳其冰激凌，俄罗斯的冰激凌有着
自己的坚持。由于俄罗斯冰激凌遵循传统的生产工艺，倡
导"无添加"的制作标准，完全使用纯牛奶作原料，因此
保留住了更多的营养成分，不仅满足了人们的口腹之欲，
也有益于人体健康。俄罗斯冰激凌追求的"老味道"实际
上也是俄罗斯人的一种特殊情怀，这也成为它的一大特色。
"冰激凌外交"把美味的俄罗斯冰激凌推销到了全世界，
极大地提高了出口量。

俄罗斯的冬季比较漫长，基本上从9月初天气就会变冷，逐渐进入冬天，直至第二年的5月初，天气才会慢慢回暖。在这期间，冰激凌都会被搬上餐桌烘托节日的气氛。俄罗斯人最喜欢在享用了热气腾腾的大餐之后，品上一道沁心凉的甜品遣兴。久而久之，在冬季吃冰激凌就成为一件自然而又享受的事情了。徜徉在冬日的俄罗斯街头，你会发现不少行人手中拿着两样吃的，一个是啤酒，另一个就是冰激凌。

相信绝大多数人都会觉得，冰激凌理所应当与夏天成为固定搭配，那么，为什么生活在冰雪世界的俄罗斯人还会在冬天乐此不疲地享用冰激凌呢？

其实，无论是在热浪滚滚、暑气蒸腾的炎炎夏日中，还是在北风呼啸、冰天雪地的萧瑟寒冬里，人们对于冰激凌的热爱似乎也从未改变过。冰激凌的英文为 ice cream，直接翻译回来就是冰冻的奶油。这种冰冰甜甜的美味从诞生伊始，让人在一年四季都难以抗拒。

早在距今两千多年前的《诗经》中就有记载："二之日凿冰冲冲，三之日纳于凌阴。"所谓"凌阴"，就是指藏冰室。可见在周朝时期，人们就已经充分发挥自己的智慧和经验，在冬天里开凿冰块运进地下室中贮藏，以备来年盛夏使用。在人类还没有发明出制冷机器之前，存冰这种庞大而繁重的工作，一般都由王室才能组织完成，因此冰最早乃帝王家御用之物。到了春秋末期，冰饮之风开始盛行。达官显贵都喜欢在米酒中加入冰块待客，这让原本醇香扑鼻的米酒更增添了几分甘冽和清爽。《楚辞·招魂》里的"挫糟冻饮，酎清凉些"便是最好的佐证。

魏晋时期，人们逐步掌握了制作奶酪和酥油的工艺，《齐民要术》中记载的"抨酥法"制作的酥，就和现在的奶油形制差不多。到了唐代，这种"奶酥"盛极一时，也是在那个时候，诞生了世界上最早的"冰激凌"——酥山。《西阳杂俎》中就记载了这种类似于牛奶冰沙的冷饮，酥山在唐代出土的墓葬壁画中也多有出现。宋朝时期，人们开始在冰中加入水果和果汁。宋代诗人杨万里为此还写有一首五绝："似腻还成爽，才凝又欲飘。玉来盘底碎，雪到口边销。"

似腻还成爽，才凝又欲飘。玉来盘底碎，雪到口边销。

到了元代，人们在冰中加入果浆和牛奶，制作成"奶冰"，这已经与我们今天所吃到的冰激凌非常接近了。传说，意大利人马可·波罗在尝过奶冰之后觉得异常香甜可口，便把一份配方带回了欧洲。据说后来，一位英国王室成员尝了一口冰激凌便觉得惊为天人。当得知这种美味来自东方后，西方人向遥远东方素昧平生的华夏古国表达了深深的敬意。冰激凌逐渐席卷了整个欧洲，成为男女老少都喜爱的甜品之一。

由于欧洲文化的熏染，上流社会成员喜食"冰激凌之风"传入俄罗斯。

18 世纪末，俄罗斯冰激凌文化开始蔓延。到了 19 世纪末，食用冰激凌在俄罗斯已彻底大众化，再后来，俄罗斯出现了冰激凌与主食相结合食用的趋势。这是食客的发明创造，他们习惯在吃冰激凌时，将其抹在面包或者饼干等食物上。于是，生产商为了满足消费者，就生产出了饼干冰激凌、威化冰激凌等品种。

塔城人将用百年前的方法制作的冰激凌叫作"雪花凉"。制作时，人们会用一个大木桶套着一个小铁桶，做成"桶中桶"。两个桶之间倒入碎冰，在小铁桶内倒入只有牛奶、鸡蛋、白砂糖三种食材烧开的乳液进行搅拌。不断转动小铁桶，重复刮下桶内壁结成的霜，就做成了最具有塔城标志性特色的"雪花凉"冰激凌。20世纪80年代初，随着生产技术的发展进步，塔城市成立食品厂，"雪花凉"从此正式更名为"玛洛什"，批量生产。

如今的塔城，似乎空气中都充盈着玛洛什的浓郁香甜。行走于街巷，经常能看见色泽黄润的玛洛什被整整齐齐、满满当当地摆放在最为显眼的地方，在阳光的映衬下，闪烁着晶莹剔透的霜花，惹人侧目驻足。

如果要问塔城的冰激凌是怎么做的？为什么那么好吃？老板会坦诚地告诉你："用牛奶、鸡蛋、白糖就行了。"可是，在除了塔城以外的地方，只用这三种食材人们却做不出这个味道。这是因为，塔城以农牧业为主，良好的生态环境和得天独厚的气候条件，让这里的蛋奶品质上乘。优质的食材原料搭配传统的制作工艺，让玛洛什成为塔城冷饮中的佳品。

如同塔城人粗犷豪放的性格，玛洛什的包装非常简单，分量却足够大，吃法多样，可以根据自身的喜好随意切换。可以挖成冰激凌小球，也可以制作成甜筒；可以切成大块冰砖，也可以插棍儿制作成冰糕；可以盛于大碗之中，也可以装进塑料袋挤着吃……当鹅黄中透着鲜亮的玛洛什入口，感受着柔柔滑滑的膏体在舌尖融化，满嘴浓郁的甘甜奶香，将丝丝凉意也送入腹中，让人欲罢不能，回味无穷。

玛洛什至今仍延续着一个世纪以前传统的配方和工艺。凭借着手工制造和传承匠艺，展现冰激凌的本色、本味，这也是玛洛什最受欢迎的根本原因。不过用料太纯造成的缺点就是，在室温下玛洛什融化的速度也会加快，冻起来是冰激凌，融化后就变成鸡蛋牛奶了。但这一微瑕并不能掩盖美味的本质，反而更能凸显玛洛什的纯粹，也唤起了很多人对少年时光的记忆。

炎炎夏日，塔城本地人在享用玛洛什的时候，大多会论公斤购买，盛到大盘里。再要几杯酸奶，那种惬意和爽快无与伦比。塔城人还喜欢在大雪飘飞的冬天，在吃完热辣的美味火锅后，来上一碗玛洛什，让燥热的身体沉浸在冰爽的快感当中。这种舒爽的体验不仅让每一个塔城人念念不忘，也令天南海北的游人津津乐道。经过人们的口耳相传，玛洛什逐渐成为塔城的一张特色美食名片，吸引了八方来客。

好像是每一座城，都有自己专属的冰激凌记忆。玛洛什已在塔城落地生根，成就了杨中青一辈的手艺人与玛洛什的一段佳缘。当玛洛什冷凉的香甜在齿颊间缓缓融化，唇边的那一抹余香久久才消失，仿佛岁月留给人们的美好的记忆。

蜜果倾城

玛仁糖

热腾腾的糖浆拌着烘烤后的果仁儿，满满的蜜果充盈在唇齿之间，泛着酥脆的香甜。想象着自然赋予的滋味从舌尖至味蕾一点点延伸，不同的芳香，是时光酝酿后的沉淀。吃到嘴里，甜进心里。

我们把视线南移，会发现在新疆和田地区，盛产一种干果制作的甜品，它有一个通俗的名字——新疆切糕。

新疆切糕即玛仁糖，在和田地区已有多年的制作历史。

这里的制糖匠会选用核桃仁、玉米饴、葡萄干、葡萄汁、芝麻、枣等各种原料一起熬制。干果的内部浸透着玉米糖、葡萄糖和果糖，表面还会覆盖一层麦芽糖，多种甜味融合在一起，使得味道变得更为醇厚，再混搭芝麻的香味，于是便有了玛仁糖甘甜微酸、果香怡人的口感。

制作
材料

核桃，享有"长寿果""养人之宝"的美称，是玛仁糖中最重要的材料。甚至可以说，核桃的品质决定着玛仁糖的品质。

买买提·阿布拉准备去巴扎上挑选一些优质的核桃。和田的薄皮核桃在国内早已闯出了不小的名声，但它们依然要面对买买提·阿布拉挑剔的眼光。

买买提·阿布拉家有多年制作手工玛仁糖的手艺。做一锅玛仁糖，分选、烤、煮、熬、拉、融几大工序。蒸熟的各种原料，趁热放进一个很结实的木槽之中，再用一块厚木板盖上，压上一些重物。水分在重压下析出，从木槽底部细缝流走。两天之后，把重物移开，一块结实的玛仁糖就诞生了。

制作
过程

随着现代化、机械化加工技术的兴起，这种纯手工制作
玛仁糖的生产方式受到较大冲击，买买提·阿布拉的店
一度处于关门歇业的状态。后来在"访惠聚"驻村工作
队的帮助下，他才重新站稳了脚跟。

每天，买买提·阿布拉都要到市场去，他的玛仁糖很受
欢迎，这让他的心情十分愉悦。事实上，这些甜蜜的玛
仁糖，早已经卖到了北京等地。

一家人围坐，品尝着玛仁糖，幸福的滋味就从舌尖心底升起。

对买买提·阿布拉来说，制作玛仁糖是一份甜蜜的事业。因为这份事业，他过上了甜蜜的日子。

一家人围坐，品尝着玛仁糖，幸福的滋味就从舌尖心底升起。

对玛仁糖来说，"切糕"或"新疆切糕"这种叫法，来自它的售卖方式——用刀将大块的玛仁糖切分成小块再出售。

而真正的切糕，实为北京名吃，是由糯米或黄米面和以红枣或豆沙为馅料制成的大块蒸糕。为了方便顾客，商贩们会推着车，走街串巷地进行售卖。因蒸糕是放在案板上切块零售，用一个小秤来称量分量，故名切糕。

随着《舌尖上的中国》第二季的播出，玛仁糖被大众所了解，风靡一时。

美食从来都不仅仅是吃的本身，也是一种文化的传承。

玛仁糖，也被称作"麻仁"糖，是用核桃仁、玉米饴、葡萄干、巴旦木、玫瑰花、红枣、杏干、杏仁、芝麻等食材为原料，采用传统工艺制作而成的新疆特色风味美食之一。其口味纯正，口感香醇，酸甜适中，果香袭人，厚实有嚼劲，营养价值很高，无任何人工添加剂，是一款地道的纯天然绿色食品。因食材颇为丰富以及特殊的压制工艺，玛仁糖也有"新疆压缩饼干"之称。

关于玛仁糖，还有一段美丽的传说。很久以前有一对夫妇，盼子心切，因身体欠佳，久未如愿。一天晚上，妻子梦见一位老神仙对她说："向南有圣树，取果实与金谷同食。"夫妇俩寻找了三年，最终找到了和田的核桃，与玉米一起制作成食物。食用之后，妇人变得面容娇丽，男子变得身健力强，不久便生育一子，儿子长大后还学业有成。此后，用核桃与玉米制作成的"玛仁糖"便流传至今。

人们说从很早的时期，就有人会做玛仁糖了。新疆地处古"丝绸之路"南北两道的交会点，是国内外商队往来的交通要道和停顿休整之地，也是很重要的食物补给站。这些南来北往的商贾大多都是骆驼商队，在茫茫戈壁和浩瀚沙漠中穿行。为适应长途跋涉，他们所携带的食物必须保存期长且便于携带，而且要热量高、营养足的。因此，除了肉干、馕、水等必备物品之外，还有一种食物也是必带的，那就是玛仁糖。

玛仁糖，由于有重力压制的工序，所以相当瓷实，而且味道香甜可口，只需两三片就能饱腹。此外，玛仁糖的食材里选用了各种干果，还有蜂蜜、蔗糖等营养物质；不仅有人体所需的蛋白质、脂肪、碳水化合物，还含有丰富的维生素、矿物质和粗纤维。即便在长途跋涉中无法随时吃到蔬菜，也能从中获得充足的营养。同时，玛仁糖中含量颇高的蜂蜜、蔗糖等也能保证其长期保存而不变质，满足长途跋涉的商旅们的需求。

丝绸之路跨越千年，玛仁糖不仅是人们重要的食物来源，也是最具西域风情的甜点，它更是丝路文化留给新疆人的宝贵遗产。作为新疆最具传统特色与风味的一种食品，它以其独特的口感，成为新疆人不可或缺的美味之一，也成为新疆人世代相传的美食文化的一部分。

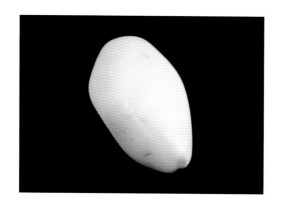

和田，古称"于阗"，它既有尼雅遗址的厚重沧桑，也有东方古城的神秘活泼；它既有昆仑伟岸的豪气，也有美玉温润的俊雅。它宛如绿洲中央的一块宝石，南枕昆仑，北卧大漠，一半神山玉立，一半盆地静卧。千年历史文明于这里生生不息。古往今来，不同文化在这里碰撞交流，和谐共生。喝着冰川水，食在绿洲上，在炭火里烤肉，在地毯上织花……在这里，文明璀璨，人间的烟火味道浓重。

除了是美玉之乡，和田也是著名的核桃之乡。相传，唐僧师徒往西天取经途中，又渴又累，发现了一棵大树郁郁葱葱，上面结满果实，果实随风而落。师徒四人在食用之后，顿觉精力充沛，疲劳顿失。遂将果实装满行囊，每日食三粒，就能走完一天的路程。当行至和田时，他们将仅剩的三枚"圣果"赠送给热情好客的和田人。勤劳的和田人将"圣果"作为种子精心培育，繁育至今，就是核桃。

据考证，至今仍有一棵栽种于唐代（公元644年），距今有1300多年的"核桃树王"屹立于和田县巴格其镇喀拉瓦其村内，堪称树中的"寿星"。

这棵核桃树五人围抱而有余，独占一亩田地，树高约16.7米，树形呈"Y"字形。虽历经千百年风雨沧桑，古树仍枝繁叶茂，展现出苍劲挺拔的雄姿。由于年代久远，树干中间已空，形成了一个上下连通的"仙人洞"，洞内可容纳四人站立。树干皮色粗糙而深沉，如画家笔下凝重苍劲的色彩。更有趣的是离树王12米处，生长着一棵"年轻"的核桃树，形状酷似老树王。细看去，恰似一对情深意浓的母子，令人感慨。

树干皮色粗糙而深沉，如画家笔下凝重苍劲的色彩。

"核桃大树古风悠，虬干苍皮绿叶稠。纵使中空人上下，犹能挂果满枝头。"这首诗中的韵味也许只有在亲眼看见了那棵形状奇特、气势雄伟的"树王"后，才能体会得深刻。如今，核桃古树依旧结有果实，让人不得不感叹大自然的生命力。这种古老的果树，不仅承载了和田地区的历史文化，也见证了当地的美食文化。

核桃又名胡桃、羌桃，享有"长寿果""智慧果"的美称，在国际市场上与榛子、杏仁、腰果，并称为世界四大坚果。

核桃仁的外形就像一个微型的大脑，中国人素有"以形补形"的传统，于是吃核桃补脑的说法也就流传下来。

后经科学证明，核桃中的维生素、卵磷脂和脂肪酸等含量丰富，可防止细胞老化，具有健脑、增强记忆力及延缓衰老的作用，对大脑健康确实有益，于是核桃被越来越多的人所推崇。《本草纲目》《神农本草经》《食疗本草》《开宝本草》等典籍都对核桃"黑发、固精、治燥、调血之功"等药用价值进行了详细记载。

榛子

杏仁 　四大坚果　 腰果

核桃

核桃在汉代张骞出使西域、开通丝绸之路时传入中原地区。在公元前 3 世纪张华著的《博物志》一书中，就有"张骞使西域，得还胡桃种"的记载。

核桃，逐渐成为人们常吃的干果之一，后来食用核桃也
逐渐在民间成为习惯。核桃作为爱情的象征，寓意着"百
年好合"。和田核桃在古代就可以说是华夏驰名商品，
唐玄奘的《大唐西域记》中有"宜谷稼，多众果"的记载。

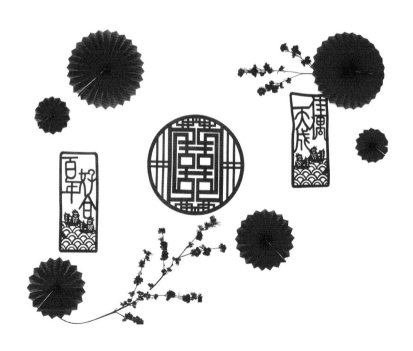

唐代诗人李白也为核桃写过一首《白胡桃》："红罗袖里分明见，白玉盘中看却无。疑是老僧休念诵，腕前推下水晶珠。"说明核桃在大唐的风靡一时。

清代诗人符曾则在《上元竹枝词》中写道："桂花香馅裹胡桃，江米如珠井水淘。见说马家滴粉好，试灯风里卖元宵。"诗中提及的桂花核桃汤圆就记录着当时已将核桃入膳的事实。

和田核桃果大皮薄、仁白香脆，营养价值极高。核桃果仁中含有丰富的蛋白质、脂肪油、粗纤维、钙、铁、胡萝卜素、维生素C等营养成分，研究表明，0.25公斤核桃仁的营养，相当于4.5公斤牛奶或2.5公斤鸡蛋的营养。和田地区有很多百岁老人，这些老人饮食结构比较单一，却能长命百岁，一定程度得益于经常食用核桃的生活习惯。

作为和田地区最具传统的特色名片，核桃成为家家户户不可或缺的食品。和田人的一天，大多是从一块馕、一碗茶开始的，入口还少不了核桃。在和田地区的餐食里更是将核桃仁、核桃碎融入各色菜品之中，打造出浓浓的家乡风味。在诸多吃法中，最能代表和田地域特色的，非玛仁糖莫属。

才下舌尖，又上心头，美食总是承载着比味觉更多的深意。

最好的食物一定离不开顶级的原料，如今，制作玛仁糖，在选择了更多优质食材的同时，融合了传统技法所有的精华，全面提升了营养。皮薄酥香的和田核桃，甘甜醇香的和田大枣、肉厚香甜的杏干杏仁、满口生香的巴旦木、火焰山脚下的葡萄干、吃了让人很开心的开心果、树上结的"糖包子"无花果、吐鲁番顶级的鲜葡萄汁浓缩的糖浆……正是这些绿色健康的食材，才让核桃口味、葡萄干口味、巴旦木口味、红枣口味、芝麻口味、玫瑰花口味等不同种类的玛仁糖拥有了原汁原味的营养。咬一口玛仁糖，所有食材天然的清甜令人难忘，留存于记忆深处。在特殊的节日里，玛仁糖更是被赋予了美食特质之外更多的意义——对家人的爱与关怀。

才下舌尖，又上心头，美食总是承载着比味觉更多的深意。其实，玛仁糖的甜蜜滋味也是买买提·阿布拉对生活的态度。于他而言，这股熟悉而踏实的味道，就是保存在岁月里的香甜记忆，蜜果的清新绝世倾城。

草原寻香

锅 茶 拔丝奶皮

这里的家乡叫作天堂，这里的美食叫作守候，这里的人们把自己的仰慕、热爱与追寻化作最亲昵的告白，送给了草原母亲。

大宴进行了八十天，那达慕举行了七十天，幸福的酒宴又继续了六十天。

勇士们团团坐了七圈，举行芳醇美酒的盛宴。

在著名的史诗《江格尔》中，一次庆典的盛宴持续了大半年，那么一场可以持续两百多天的盛宴，又会有多少诱人的菜品呢？

在新疆和静县，传说中的江格尔盛宴已经为越来越多的人所熟知，席中各色甜品最受追捧。

布音吉力是汗王府酒店的一名厨师，她的拿手甜品是锅茶与拔丝奶皮。

锅茶，是蒙古族奶茶中的一种。传统的奶茶里，要再加入风干肉、奶豆腐、果条等熬煮，才能成为一道正宗的锅茶。

果条是布音吉力做的锅茶最具特色之处。方法是将加了鸡蛋、酥油的面粉和成面团，切成大小一致的长条，在油锅中炸熟，这样的果条甜香酥脆，放入锅茶当中更是回味无穷。

作为锅茶的搭档，拔丝奶皮也是一道香甜可口的美味。

将新鲜牛奶慢火熬煮出来的奶皮切好后裹上芡粉，放入油锅中炸脆，再放进熬好的糖稀中捞出来拔丝，这样的拔丝奶皮奶香浓郁、甜美可口。

果条制作过程

面粉中加入鸡蛋、酥油，和成面团。

将面团切成长条。

放入热油中炸。

炸熟捞出即可。

拔丝奶皮制作过程

新鲜牛奶慢火熬煮出来的奶皮切好后裹上芡粉。

放入油锅中炸脆。

放进熬好的糖稀中捞出来拔丝。

布音吉力精心准备着锅茶，用来招待家里的朋友。

一碗锅茶、一盘拔丝奶皮、各色干果，大家围坐在一起，
就是一段美好的时光。

随着社会发展，宴席上的美食，成为人们生活中的家常
味道。

锅茶的制作方式与火锅的烹饪方法有着异曲同工之妙。不同的是，火锅是先炒底料，再下入食材，而锅茶则是先炒食材，再倒入奶茶。根据个人的口味不同，将酥油、奶酪、奶皮、奶豆腐、炒米、果条、牛肉干、风干肉等食材依次下入锅中，用木勺反复搅动，炒出香味，待香气扑鼻时，将熬煮好的奶茶倒入锅中，煮沸后，就可以盛入碗中饮用了。将这些食材和奶茶放在一起煮得越久，味道也会越发香醇。

锅茶制作过程

一盘果条，一碗炒米，一块奶豆腐，一张奶皮子，一些肉干，再加一锅热气腾腾的奶茶，这锅茶奶色淳朴，浓淡相宜，滋润柔和，香气四溢，既可口又爽神，痛痛快快，淋漓尽致。

锅茶的标配当然少不了香甜可口的拔丝奶皮，一口下去，满满的幸福感能从舌尖抵达心间。

蒙古族人流传着这样一句谚语："世上最可口的食物是奶食，最优秀的品质是正直。"奶食，被蒙古族视为珍品。每逢拜年、祝寿、招待宾客、喜庆宴会等盛大场合，均以品尝奶食、敬献奶酒为最美好的祝愿。蒙古族人的奶食主要来源于牛、羊、马、骆驼的奶汁，以牛奶为上品，用量最大，羊奶次之。奶食作为蒙古族人饮食之首，蕴含着纯洁、吉祥之意。

蒙古族人的奶食历史源远流长。喝不完的奶汁容易变质，无法保存，让人们很是苦恼。于是，先辈们充分运用他们的聪明才智，为后人留下了奶豆腐、奶酪、奶皮、奶油、奶酒、酸奶等口味独特且富有营养价值的草原美味，完美地解决了这个问题。

奶皮是奶食中的上品，也是牛奶中最精华的部分。制作时，把鲜牛奶倒入锅中煮熟后，控制好火候，不断地搅动，让水分慢慢蒸发。等到奶汁浓缩冷却后，会有一层蜂窝状的奶脂凝结于表面，用筷子夹起置于通风处阴干，即为奶皮。

牧民们一般会选择在秋末时节制作奶皮，因为这个时候，奶汁中的油性最大。经过长时间的熬制，制作出的奶皮油润厚实，容易储存。这种纯天然食品的营养价值不言而喻，据元代《饮膳正要》记载："奶皮属性清凉，有健心清肺、止渴防咳、毛发增色、治愈吐血之能。"可见，奶皮不仅味美，更兼具食疗之效。

奶皮在草原美食中绝对算是奢侈品，八公斤鲜奶只能做出一公斤奶皮。从前，只有富裕的牧民家才能拿得出奶皮来招待客人。如今，奶皮依旧是接待客人的最高礼遇，那些白中透黄、油花点点、蜂窝满布、沙孔密集的乳黄色美味，让人垂涎。

奶皮可以直接吃或蘸糖吃，吃起来奶香十足，一点都不会甜腻。奶皮也可以泡入奶茶中食用，浸泡后的奶皮软糯香甜，奶茶的口感会更加顺滑，味道也会更加香浓。若将奶皮切成小块，裹上芡粉下锅油炸，再用白糖熬制好的糖液包裹其上制成拔丝奶皮，则是蒙古族人对奶皮最正宗的解锁方式。

拔丝，又称拉丝，是指将糖熬制成能拔出丝的糖液，包裹于食物之上的一种制作甜品的方法。著名的山东文学家、《聊斋志异》的作者蒲松龄十分熟知甜品的制作方法。他在《聊斋文集》中就有"而今北地兴掇果，无物不可用糖粘"的语句，便是形象描述山东地区流行的拔丝甜品的语句。大约到了清末民初时期，先是京津苏沪，再往后各地餐馆、饭店都有了拔丝菜的供应。拔丝苹果、拔丝山药、拔丝红薯、拔丝香蕉等特色甜菜相继推出，深受广大消费者的喜爱。

用时间守候一壶花茶的清香，用耐心烹制一碗锅茶的醇厚，就是最平凡的幸福。无数智慧的前人历经时间的雕琢，发挥天马行空的想象，进行独具匠心的搭配，让我们品尝到了拔丝奶皮的浓香甜蜜。都说"一方水土养一方人"，厨师布音吉力让我们看到了江格尔盛宴所赋予的诗和远方。

寻着马头琴声响起的地方，那一望无垠的草原，真美！那满载幸福的甜蜜，真香！

甜梅之恋

杏 酱

夏天最美好的事情莫过于，在屋外聆听清风的声音，闻到夏果的清香。而冬天最美好的事情莫过于，在家中静赏雪花的轻舞，浅尝秋果的香甜。甜甜的味道，暖暖的微笑，于齿间，在心上。

瓜果之乡的新疆，在人们的甜蜜记忆里，水果的身影从不会缺席。来自伊宁的杏酱，由新鲜杏子变身而来，它的甜蜜，别有一番风味。

伊宁市是伊犁哈萨克自治州的首府，这里地处伊犁河谷，四季分明。

每年春天，伊犁地区的杏花满山遍野盛开。这里盛产各种鲜杏和吊死干杏。用小白杏制作的杏酱，是伊犁美食中特别的风味。

努力合麦提的果园今年迎来了丰收季。他和找来的帮手
一起把杏子采摘下来，运到阿维依提家里。这些杏子会
被洗净，人工去核。小白杏的杏核极薄，杏仁香甜无比，
可以制作成上佳的干果；将一定比例的白砂糖加进果肉里，
通过一定的工艺制成杏酱。

杏酱制作过程

将鲜杏采摘下来后，清洗干净。

人工去核。

加一定比例的白砂糖。

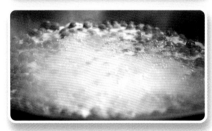

放入大锅熬煮。

将杏肉装入玻璃瓶中蒸。

熬煮果肉，是杏酱制作中的关键，也比较考验耐心，需要不停地搅拌。在这个过程中，果肉中残留的水分会不断析出。

在适宜的温度下，糖与水的共同作用，锅里发生着神奇的变化——杏肉保留了原有的形态，外面却已经裹上了一层金黄的胶质。把它们装入玻璃瓶中，放进蒸锅，用大火蒸个把小时。经过这样一道工序后，杏酱才算制作完成。

热气蒸腾，高温不仅会杀死细菌，也能将瓶子变成接近真空的状态，所以不用另外添加任何防腐剂，杏酱也能被长期保存。

金色的果酱，像是金色的日子。

相濡以沫的情感，幸福的滋味，都浓缩在一瓶瓶果酱里。

春有杏花，三变姣容；夏有杏果，齿颊留香；秋有杏仁，
悬壶济世；冬有杏酱，甜上心头。一颗颗耀眼金黄的杏儿，
伴着美与甜味在其中，陪我们度过四季。

大多数的花，一生只有一种颜色，唯有杏花，有"姣容三变"之称。初生的杏花，为鲜艳的红色，盛开如绽放的花火，亦如宋祁笔下的"红杏枝头春意闹"，美艳绝伦；待杏花怒放之时，则是吴融笔下的"粉薄红轻掩敛羞"，娇艳欲滴；花期进入尾声时，就如苏轼描绘的"淡红褪白胭脂涴"显出白色杏花惹人爱怜的淡雅之美。

写出赞美红色杏花诗句的北宋工部尚书宋祁，非常艳羡
都官郎中张先的才华，于是前往拜会。到了张府门前，
宋祁对守门人说："我想见'云破月来花弄影'郎中。"（因
为张先所写的《天仙子》中有"云破月来花弄影"一句。）
张先听闻，一边跑出来迎客，一边应答："难道是'红
杏枝头春意闹'尚书吗？"之后，二人把酒言欢，后被传
为诗坛佳话。

由此可见，杏花让历代文人宠爱有加，不吝笔墨，为它
留下了众多流传千古、脍炙人口的佳句。叶绍翁的"春
色满园关不住，一枝红杏出墙来"，欧阳修的"林外鸣
鸠春雨歇，屋头初日杏花繁"，李商隐的"日日春光斗
日光，山城斜路杏花香"……不绝于耳。陆游笔下的"小
楼一夜听春雨，深巷明朝卖杏花"更是绘声绘色地描述
了古人对杏花的喜爱。

在伊犁，杏花盛放，是一幅绝色美景。在密密匝匝的花丛中，
总有蜜蜂缠绵其间。蝴蝶翩翩起舞，流连忘返。清风徐来，
花瓣飘落，似飘飞的雪花。

"三月里赏花，五月里摘杏"。经过几场杏花雨后，杏花变成了黄润润的杏果挂满枝头，在骄阳下泛着金光，果香四溢。

杏，早已在那一片杏林中，伴着悠然飘过的岁月，出落得有模有样。

杏，早已在那一片杏林中，伴着悠然飘过的岁月，出落得有模有样。

杏，也被称为甜梅，被种植的历史在殷墟出土的甲骨文中就有所记载。"杏"字下有一"口"，可见杏从开始受到人们的关注，是因为它的食用价值。杏，味酸、甘、温和，果肉含糖、蛋白质、钙、磷及维生素C等多种营养物质，其中β-胡萝卜素的含量特别丰富，是水果中的佼佼者。杏是土生土长、原汁原味的中国本土水果之一，在《管子》《山海经》《西阳杂俎》等诸多古籍中均有记载。北魏卢元明《嵩高山记》中写道："东北有牛山，其山多杏，至五月灿然黄茂。自中原丧乱，百姓饥饿，皆资此为命，人人充饱。"可见杏曾是百姓当食物充饥的东西，其重要性不言而喻。

东北有牛山，其山多杏，至五月灿然黄茂。自中原丧乱，百姓饥饿，皆资此为命，人人充饱。

甲骨文

小篆

民间有不少关于杏的传说。相传，西汉时期"飞将军"李广在一场战役中大获全胜，班师回朝时路过西域，听说有一种果实香甜可口。在饱尝过后，李将军剪下六根枝丫带回玉门关内，送给了敦煌城郊一位农户。农户将六根甜杏枝芽嫁接到六棵苦杏树上，全部成活，街坊邻里都品尝到了美味的甜杏。此后，敦煌百姓为了感谢李广，便给这种甜杏命名为"李广杏"。

另一个关于杏的传说是这样讲的：甜杏仙子和苦杏仙子奉王母之命前去救李广于危难中，后来，杏便随着李广大军传入敦煌，并以"李广杏"为名。

说起杏的原产地，新疆便是其中之一。从地质年代第三纪末期保留下来的古老野生杏林，遍布天山北部的伊犁。如今每年的六月，在伊犁地区的杏园中，在葳蕤的枝条上，在绿叶的缝隙间，一颗颗淡黄的小白杏在阳光下闪烁着诱人的光泽。它们有的像挤在一起的胖娃娃，笑眯眯地四处张望；有的如同娇羞的少女，半掩在稠密的叶片中。正应和了欧阳修的那句"叶底青青杏子垂，枝头薄薄柳绵飞"的诗境。当微风吹过，硕果累累的杏树枝迎风摆动，杏香随风飘满了整个山林。

小白杏个头虽小，但皮薄肉厚，鲜甜多汁，果肉细腻，杏香四溢。咬一口成熟的小白杏，果汁瞬间就会溢满口腔，果肉也像在嘴里融化了一般。慢慢去感受果肉与舌尖缠绵，甜甜的味道迅速弥漫开来，满口生津。这一颗颗甜得直接、甜得纯粹的鲜果，被当地人誉为"挂在树上的蜂蜜"。

小白杏的果仁也可食用。用小锤子一砸，露出一枚杏仁。杏仁酥香。果肉与果仁，一软一硬，一浓郁一清香。一颗小白杏，两种吃法，值得细细品味。

杏仁分为甜杏仁和苦杏仁两种，不仅具有较高的营养价值，也具有良好的药用价值。《红楼梦》第五十四回中写道，众人在大观园夜宴时，贾母以杏仁茶为宵夜。在诸多药典中有对杏仁止咳、平喘、润肺等药用价值的详细描述。

东晋时的医药学家葛洪在《神仙传》卷十中，记载了这样一个故事：三国时期，名医董奉长期隐居，在江西庐山南麓的山中行医。他行医时从不索取酬金，每当治好一个重病患者，就让病家在山坡上栽种五棵杏树；医好一个轻病患者，则病家只须栽种一棵杏树。由于他医术高明、医德高尚，远近患者纷纷前来求医，数年之间，万余株杏树成林。当杏子成熟后，左右远近的人纷纷前来买杏，董奉依旧不收钱。他建了一座草仓来储存杏果，并做出新规定，需要杏果的人，可用稻谷自行交换。董奉告知大家食杏的禁忌，并回收杏仁以作药用；交换得来的稻谷，除去维持生活必需，其余的也拿来分给贫苦百姓，这一义举深受人们称颂。据说，每年都有大量的百姓得到董奉的救济，在他去世后，大家专门建庙祭祀。董奉爱杏、植杏、送杏的故事口口相传。

此后，"杏林"成为中医的别称，医者以"杏林中人"自居，人们以"杏林春秋"来展示中医药历史，以"杏林佳话"来表达与中医药有关的趣味故事，以"杏林春暖""誉满杏林"来称颂品高术精的医家。

除了江西庐山的杏林外，历代以"杏"命名的地方还有很多，河南汲县的杏园、安徽凤阳的杏山、山西汾阳的杏花村等。不得不提另一个地方，那就是山东曲阜的杏坛。在山东省曲阜市孔庙的大成殿前有一个杏坛，相传是孔子为学生讲学、授课之处。据《庄子》记载："孔子游于缁帷之林，休坐乎杏坛之上。弟子读书，孔子弦歌鼓琴。"杏坛，也由此成为孔子教育精神的象征。

孔庙前的杏坛

从"杏林"到"杏坛",大自然赋予了杏子艳丽色泽的同时,也赋予了它丰富的文化内涵。为了保存杏果的良好口感,人们想出了各种各样的方法,把甜甜的杏果晒成杏脯,做成杏干,制成杏子罐头或酿成杏子酒,都是希望让杏积淀着的香甜味道能够保存得久一点,再久一点。

将鲜果的味道浓缩,升华和精炼杏果独有的香气,也是智慧的先辈们封存美味的绝佳方式。借助一点文火慢煮,使杏酱最大程度地保留住了杏的芳华。

黄色的杏酱，给人以甜糯、多汁、稠厚、绵密之感。那是一种极为特殊的味道，经历了一世的繁华，沉浸了一生的芳香。轻舀一勺送入口中，果酱在口中慢慢融化，即使在寒冬腊月里，人们依旧能品尝出夏日的甜香。

甜蜜记忆，在舌尖上打开，是口腹之欲，也是情感慰藉。我们从中体味大自然的馈赠、温暖的人情，还有平凡的故事。

巴哈力、玛洛什、玛仁糖、锅茶和拔丝奶皮、杏酱……这些留存在脑海里的甜蜜记忆，就像一个个绽放的笑容，伴随着我们的春夏秋冬；也如一条条潺潺的清泉，流淌过我们的似水流年。

细细品味每一个触动心扉的瞬间，就这样一直温暖地、幸福地、甜蜜地回忆着吧……